NOTICE

SUR LA

STATION AGRONOMIQUE DE L'EST

C.

Nancy, Imprimerie de Serdoillet et fils, faubourg Stanislas, 5.

CONGRÈS AGRICOLE LIBRE DE NANCY.

NOTICE

SUR LA

STATION AGRONOMIQUE DE L'EST

ORGANISATION, INSTALLATION, PERSONNEL

BUDGET ET TRAVAUX

COMMUNICATION FAITE AU CONGRÈS DE NANCY DANS LA SÉANCE DU 26 JUIN 1869

PAR

M. L. GRANDEAU

Secrétaire général du Congrès, Directeur de la Station agronomique de l'Est,
Professeur à la Faculté des Sciences, Secrétaire de la Société des agriculteurs de France
Membre de la Société royale d'Agriculture d'Angleterre

AVEC 5 PLANCHES ET 2 TABLEAUX

PARIS

LIBRAIRIE AGRICOLE DE LA MAISON RUSTIQUE
26, RUE JACOB, 26

—

1869

NOTICE

SUR LA

STATION AGRONOMIQUE DE L'EST

(Extrait du Compte rendu de la Séance du 26 juin 1869.)

MESSIEURS,

Après les communications si intéressantes qui viennent de vous être faites sur les Stations expérimentales de l'Allemagne et de la Suisse, il me reste peu de choses à vous apprendre sur l'organisation de ces établissements dont l'heureuse influence doit être évidente pour tous.

Permettez-moi, avant de vous faire connaître brièvement l'état de la station de l'Est, d'adresser mes chaleureux remerciements aux savants délégués de l'Allemagne pour le concours si utile qu'ils viennent de prêter à mon œuvre naissante, en vous mettant à même d'apprécier la valeur d'une institution au développement de laquelle je consacre tous mes efforts.

Je serais ingrat, Messieurs, si je ne saisissais en même temps l'occasion de remercier publiquement les directeurs des Stations allemandes de la sympathie dont ils entourent leur collègue de Nancy, après l'avoir mis, par leurs conseils et par leurs exemples, à même de mener à bonne fin l'œuvre qu'il a entreprise.

De fréquents voyages en Allemagne et la lecture assidue

des publications émanées des Stations m'avaient depuis dix
ans démontré la part importante qui revient à ces établissements dans les progrès de l'agriculture transrhénane. Je
songeais depuis longtemps au moyen d'importer cette institution dans notre pays, lorsque l'Exposition universelle de 1867
en m'offrant l'occasion d'étudier, pièces en mains, les importantes recherches de M. Hellriegel, directeur de la Station
de Dahme, sur la culture des céréales, me décida à partir
pour l'Allemagne afin d'y examiner à fond l'organisation
des Stations. M. de Liebig, dont l'amitié est pour moi si
précieuse, m'encouragea vivement à entreprendre cette étude
et à en porter les résultats à la connaissance du Gouvernement : je reçus à la fin de juillet 1867 l'invitation d'assister
à la réunion annuelle des directeurs des Stations qui devait
se tenir à Brunswick. M. le Ministre de l'Agriculture informé,
par le regrettable M. de Monny de Mornay, du voyage que
je projetais, voulut bien me confier une mission spéciale pour
l'Allemagne et donner ainsi un caractère officiel à l'enquête
que j'allais faire avec l'intention d'ouvrir en France, à mon
retour, la voie parcourue avec tant de succès depuis 20 ans,
par les chimistes-agronomes de l'Allemagne.

J'employai les mois d'août et de septembre à visiter les principales stations allemandes, Brunswick, Weende, Halle, Hohenheim, Dahme, Carslruhe, Tharandt, Chemnitz, Leipsig,
Möckern, etc.

Partout l'accueil le plus empressé me fut fait et tous les
documents, dessins et plans désirables furent mis à ma
disposition.

Je jugeai cependant un second voyage nécessaire pour
compléter mes études et je séjournai de nouveau deux mois
en Allemagne dans le cours de l'été 1868, après avoir assisté
à la réunion annuelle des directeurs des Stations tenue cette
année à Hohenheim.

Dès le mois de septembre 1867, ma détermination était

prise; je quittais Paris pour fonder ici, au centre d'une
région éminemment agricole, la première station française.
M. le Ministre de l'Agriculture, auquel je fis part de cette résolution dans le rapport sommaire que je lui adressai sur les
résultats de mon voyage, se montra très-sympathique à mon
entreprise et m'alloua pour les années 1868, 1869 et 1870
une subvention qui m'a aidé à apporter aux laboratoires
récemment construits dans ma propriété les améliorations
nécessitées par leur destination spéciale. — La Société centrale d'Agriculture de la Meurthe voulut également s'asso-
cier directement à l'organisation de la première station française et mit à ma disposition une somme de deux mille
francs que j'ai consacrée entièrement à l'installation du
champ d'expériences et de ses dépendances dont il sera question plus loin.

Je ne puis entrer ici dans de longs détails sur les travaux
effectués à la Station depuis sa fondation. Je me bornerai à
les indiquer tout à l'heure, mais je crois utile auparavant de
faire connaître exactement l'organisation (personnel et matériel), le budget et les frais d'établissement de la station
agronomique de l'Est.

Il ressort des discussions précédentes qu'on peut résumer
de la manière suivante le rôle des Stations :

Le directeur d'une station agronomique et ses aides doivent concentrer toute leur activité sur les points suivants :

1° Recherches et expériences sur la production des végétaux et des animaux. Le mot production est pris dans son
acception la plus vaste : il comprend, à la fois, des recherches
sur les diverses branches de la physiologie végétale et ani-
male, de la zootechnie, de la chimie physiologique et de la
météorologie envisagée au point de vue de la végétation;

2° Propager, par l'enseignement oral et par les moyens de
publicité dont ils disposent, les connaissances acquises dans
le laboratoire et dans les champs d'essais;

3° Exécuter pour les agriculteurs, pour les propriétaires et pour les négociants, à un tarif dressé par le directeur de la Station, des analyses de sols, d'eaux, d'amendements et d'engrais;

4° Aider de leurs conseils les cultivateurs qui s'adressent à eux; les renseigner sur les améliorations à introduire dans les assolements, dans les procédés de culture, dans l'emploi des engrais, etc.;

5° Provoquer la création de champs d'expériences, annexes indispensables de toute exploitation rurale bien entendue, et imprimer aux essais tentés par les cultivateurs une direction convenable, appropriée à la nature du sol, etc.

Comme vous pouvez le voir, Messieurs, par cette énumération, la tâche que j'ai entreprise est lourde et nécessite, pour être menée à bien, beaucoup d'activité et de persévérance.

Réagir contre la routine, faire entrer dans la pratique les données fournies par la méthode expérimentale appliquée à l'agriculture, tel est le rôle difficile, mais très-important, je crois, qui est dévolu au directeur d'une station agronomique.

La première condition pour atteindre le but que je viens de tracer est la ferme volonté de réussir, la seconde consiste à avoir à sa disposition les moyens matériels indispensables à l'accomplissement des recherches scientifiques. J'ai donc tout d'abord, au début de mon œuvre, porté mon attention sur l'installation du laboratoire et des champs d'expériences de la Station. Les planches et la description détaillée que je joins à cette notice permettront de se rendre un compte exact des moyens de travail dont je dispose actuellement, je ne m'y arrêterai pas pour le moment.

Pour répondre aux nombreuses questions qui m'ont été adressées à ce sujet, je crois devoir donner ici l'indication exacte des dépenses qu'a entraînées l'organisation de la Station de l'Est.

Les frais de construction du laboratoire, achat du matéreil, des instruments (terrains non compris). . 31,800

La construction de la grange destinée au battage des récoltes du champ, piquetage des parcelles, l'achat de bascules, flacons pour échantillons de récoltes, étiquettes, cases pour les engrais, et autres menus frais s'élèvent à. . 1,047

La dépense totale d'installation a donc atteint le chiffre de 32,847

A cette somme il faut ajouter pour avoir le chiffre des dépenses de la Station, de mars 1868 à juillet 1869 :

1° Entretien du laboratoire de mars 1868 à mars 1869 (fin de la première année). . . 3,880

2° Entretien du laboratoire de mars 1869 au 1ᵉʳ juillet 1869. 1,982

3° Traitement du surveillant du champ d'expériences en 1868. 500

4° Traitement du préparateur de la Station, mars à juillet 1869. 670

5° Frais de culture du champ, frais de récoltes et achats d'engrais. 425

6° Garçon de laboratoire. 600

Dépense totale du 1ᵉʳ mars 1868 au 1ᵉʳ juillet 1869 40,904

J'ai hâte d'ajouter que je n'ai pas supporté entièrement cette dépense : le Ministre de l'agriculture m'a en effet alloué à titre d'encouragement la somme de 5,000 fr. sur chacun des exercices 1868 et 1869. Son Exc. M. Duruy, Ministre de l'Instruction publique, m'a en outre alloué une somme de 1,000 fr. sur l'exercice 1869; enfin, comme je l'ai dit précédemment, la Société centrale d'Agriculture de la Meurthe, a voté à la Station de l'Est, une subvention de 2000 fr. pour l'exercice 1868. La Station a donc reçu en 1868 et en 1869 la somme totale de 13,000 fr., ce qui réduit à 27,904 fr. la dépense restant à la charge de son fondateur.

Quelques mots maintenant du personnel de la Station. Je suis secondé de la manière la plus efficace dans mes travaux, et c'est pour moi une grande satisfaction de pouvoir rendre un témoignage public du concours dévoué que j'ai rencontré jusqu'ici. M. Brice, à l'habile direction duquel est confiée la Ferme-Ecole de la Malgrange, a mis gratuitement à ma disposition un champ d'essais d'un hectare (1); de plus je l'ai toujours trouvé empressé à m'aider de l'expérience que lui donne sa longue pratique agricole.

M. Knecht, agent comptable de la Ferme-Ecole, que j'ai spécialement chargé, dès l'origine, de la surveillance du champ d'expériences et de la moisson, s'acquitte de cette tâche avec une exactitude et un soin que je me plais à reconnaître. Il est très-important, en effet, que le directeur d'une Station puisse compter sur la rigoureuse exécution de ses prescriptions en ce qui concerne la quantité d'engrais, l'époque des semailles, la rentrée, le battage et la pesée des récoltes. M. Knecht tient en outre le registre d'observation sur la marche de la végétation, sur les accidents qui peuvent survenir, etc... son concours intelligent et dévoué m'est des plus utiles. En établissant le champ d'expériences sur le domaine de la Ferme-Ecole de la Malgrange, j'ai pensé, avec son directeur, que les apprentis de la Ferme pourraient aussi tirer profit de l'examen fréquent de ce champ et des essais qui s'y font. C'est pour eux une très-bonne école expérimentale et j'ai pu me convaincre déjà que nous ne nous étions pas trompés à cet égard.

Les recherches faites dans le laboratoire constituent une

---

(1) Voir l'appendice pour la description du champ d'essais.

des parties les plus importantes de la tâche dévolue aux Stations. Seules, elles conduisent à l'explication rationnelle des faits observés dans les champs d'expériences. On peut grouper sous trois chefs principaux les travaux que poursuit le laboratoire de la station de l'Est depuis sa fondation :

1° Recherches sur les rapports qui existent entre la composition des végétaux cultivés dans les champs d'essais (blé, seigle, orge, avoine, maïs, pommes de terre, betteraves, tabac), la nature du sol des champs et la composition des engrais qu'ils ont reçus. Influence des divers engrais sur le rendement.

2° Essais de culture dans l'eau (additionnée de diverses substances nutritives), et dans des sols artificiels de composition connue.

3° Analyses de sols, d'eaux, de récoltes et d'engrais. De plus, différentes questions de physiologie végétale sont à l'étude.

J'espère pouvoir l'année prochaine commencer des essais d'alimentation du bétail pour lesquels la construction d'une étable expérimentale est nécessaire. Ce complément d'installation entraînera, pour la Station, une dépense de 6,000 fr. environ, mais l'importance pratique des résultats de ce genre de recherches est si grande que je ne pense pas qu'on doive reculer devant cette nouvelle dépense à laquelle il faudrait ajouter le traitement d'un garçon d'étable. On comprend aisément que le directeur d'une Station désireux de mener simultanément à bien ces divers travaux, ne peut suffire tout seul à la besogne qu'elles comportent. L'aide d'un ou de plusieurs chimistes lui est indispensable.

L'installation des laboratoires, de la salle et des cases de végétation dont il sera question plus loin, une fois terminée, mon premier soin a été de m'assurer le concours d'un préparateur exercé à cet ordre de recherches. Après avoir emprunté à l'Allemagne l'idée des Stations agronomiques et lui avoir demandé le plan d'une installation modèle, c'est aussi à elle que je m'adressai pour compléter le personnel de la station de l'Est. D'après le conseil de M. de Liebig, je priai M. le professeur Henneberg, directeur de la Station de Weende, dont j'avais, à maintes reprises déjà, éprouvé l'obligeante amitié, de me donner, en qualité de préparateur, un des élèves exercés, sous sa direction justement célèbre au delà du Rhin, aux délicates recherches de la chimie et de la physiologie appliquées à l'agriculture.

Je ne saurais trop me féliciter du résultat de cette démarche. Elle a valu au laboratoire de la station de l'Est un excellent chimiste et, à son directeur, un collaborateur et un ami autant qu'un préparateur habile (1). Convaincu, comme moi, de la salutaire influence que les Stations peuvent exercer sur l'agriculture, préparé par ses études et par ses fonctions antérieures aux travaux que nous poursuivons en commun, M. le docteur Petermann remplit mieux que je n'ose le dire en sa présence, les conditions qui assurent le succès dans l'ordre de recherches auxquelles nous nous livrons ensemble.

Sous le rapport du personnel, jusqu'au moment où le nombre, chaque jour croissant, des analyses d'engrais et de produits demandées par les agriculteurs et par les fabricants, nécessitera la présence au laboratoire d'un aide spécialement occupé à ces analyses, la station agronomique de l'Est ne laisse donc rien à désirer, et j'espère que nos efforts réunis aboutiront d'ici à quelques années à d'utiles résultats pour l'agriculture Lorraine : je dis d'ici à quelques années, car il faut se garder de conclure d'une façon hâtive dans l'étude des problèmes complexes que présentent les recherches expérimentales ayant pour objet les êtres vivants, qu'il s'agisse des animaux ou des végétaux.

---

(1) M. Petermann, docteur ès-sciences de l'Université de Göttingen, élève de MM. Wöhler, Lehmann et Henneberg; préparateur de M. Lehmann à la Station de Pommeritz de 1867 à 1868, et de M. Henneberg à la Station de Weende pendant l'année 1868.

Afin de compléter ce qui concerne l'organisation de la station de l'Est, je dois dire quelques mots du cours dont je suis chargé à la Faculté des sciences.

Comme on l'a vu précédemment, l'une des parties du programme des stations et j'ajouterai l'un des éléments d'action les plus utiles dont puissent faire usage leurs directeurs, c'est l'enseignement oral complétant les recherches de laboratoire.

Au mois d'octobre 1867, au moment où j'allais quitter Paris pour organiser l'établissement que je dirige, S. Exc. M. le Ministre de l'instruction publique, auquel je faisais part de mes projets, voulut bien m'offrir d'instituer à la Faculté des sciences de Nancy une chaire spéciale et me confier le soin d'y professer la chimie et la physiologie appliquées à l'agriculture. J'acceptai avec empressement cette proposition qui devait me permettre d'entretenir de fréquents rapports avec les personnes qu'intéressent les progrès de l'agriculture et peut-être de provoquer chez quelques-unes d'entre elles le goût des recherches dont je devais leur exposer les résultats. Cette fois encore, le concours du Ministre de l'agriculture m'était acquis à l'avance et, deux mois après mon arrivée à Nancy, j'inaugurai à la Faculté l'enseignement de l'agronomie sous le double patronage des Ministères de l'instruction publique et de l'agriculture (1).

---

(1) Le cadre suivant me paraît répondre aux principales exigences de cet enseignement, c'est du moins celui que j'ai adopté pour le cours que je professe à la Faculté des sciences de Nancy.

1. Introduction.

Historique des principales doctrines qui ont régné en agriculture, depuis Bernard Palissy et Ollivier de Serres, jusqu'à nos jours.

2. Biologie.

A. *Végétaux.* — Études des phénomènes physiques, chimiques et physiologiques de la végétation. — Atmosphère. — Climats. — Météorologie agricole. — Eaux. — Pluie. — Neige. — Sols. Formation; Constitution mécanique; Propriétés physiques et chimiques. — Nu-

Tels sont, Messieurs, les divers moyens d'étude et d'action dont je dispose actuellement; si j'ajoute qu'il m'est possible de répéter en grand, sur des sols très-différents et dans des propriétés qui m'appartiennent, les essais tentés en petit dans les champs d'expériences, j'aurai établi, j'espère, la possibilité pour la station agronomique de l'Est d'arriver, au

---

trition des plantes. — Statique des végétaux de la grande culture. — Epuisement du sol. — Assolements. — Engrais. — Fumier. — Engrais minéraux. — Engrais artificiels. — Maladie des végétaux.

B. *Animaux.* — Phénomènes physiques, chimiques et physiologiques de la nutrition chez les animaux. — Engraissement du bétail. — Lactation. — Produits accessoires, laine, etc. — Hygiène des animaux de la ferme.

3. Technologie.

Fabrication des engrais minéraux. — Phosphates. — Sels de potasse. — Chaux. — Industries agricoles proprement dites : sucreries, féculeries, distilleries, malteries, brasseries. — Fabrication du vin, du cidre.

4. Analyse chimique.

Analyse des sols, des amendements et des engrais. — Analyse des eaux. — Analyse des cendres de végétaux, des matériaux combustibles. — Analyse des fourrages et des aliments. — Analyse des boissons. — Analyse du lait, du beurre, de l'urine, etc.

Le développement de ce programme exige nécessairement plusieurs années.

A côté de cet enseignement régulier, j'ai fait, l'an dernier, pendant les mois de juin et juillet, sur le terrain même du champ d'expériences de la station, des conférences.

Dans ces causeries, il est facile d'entrer dans les détails et de donner des explications, qui n'ont d'intérêt qu'autant que le professeur peut mettre sous les yeux de ses auditeurs les plantes, ou les procédés de culture et d'amendement auxquels elles se rapportent. Je considère ces entretiens familiers avec les agriculteurs comme un excellent moyen de propager chez eux le goût et l'intelligence de la méthode expérimentale.

bout d'un temps plus ou moins long, à des résultats importants pour l'agriculture de notre région.

Comme j'avais l'honneur de vous le dire en commençant, je ne puis m'étendre beaucoup ici sur les premiers travaux de la station (1). Il en est cependant quelques-uns sur lesquels je désire appeler votre attention, parce qu'ils donnent lieu à des remarques d'un intérêt général.

------

(1) On trouvera, dans l'appendice, l'exposé sommaire des essais de culture dans l'eau et des renseignements sur les champs d'expériences dont les résultats, pour permettre des conclusions de quelque valeur, doivent porter sur une période assez longue.

Voici d'ailleurs, d'après mes registres de laboratoire, l'indication des principaux travaux effectués de janvier 1868 à juin 1869.

Recherches de physiologie. (A continuer.)

Recherches expérimentales sur le rôle de la séve descendante dans la végétation (en commun avec M. Andlauer) ;

Recherches sur la rapidité de croissance des feuilles pendant le jour et pendant la nuit ;

Recherches sur la persistance de l'espèce dans les générations successives des graines de tabac importées de la Havane (*).

Analyses chimiques.

Analyse complète de l'eau de la source qui alimente mon laboratoire et la pièce d'eau destinée aux expériences ;

Analyse du sol et sous-sol du champ d'expériences de la Malgrange ;

Analyse du sol du champ d'expériences de mon jardin ;

Analyse du sol du champ d'expériences de la manufacture de tabacs ;

Analyse des engrais différents mis en expérience dans mes essais de culture ;

(*) Je poursuis ces recherches en commun avec mon savant ami, M. Schloesing, directeur de l'École d'application des manufactures de l'État. Les champs d'expériences de Nancy et de Boulogne (Seine) sont établis, en ce qui concerne le tabac, sur le même plan. De la comparaison et de la composition des produits récoltés par chacun de nous ressortiront, nous l'espérons, quelques faits intéressants pour la culture française du tabac importé de la Havane.

Je fais, comme vous le savez, tous mes efforts pour introduire dans notre pays la vente des engrais artificiels sur titre, et je suis heureux de voir les fabricants intelligents entrer résolûment dans cette voie, la seule qui puisse donner toute garantie à l'acheteur et conduire en même temps le producteur à rechercher les meilleurs modes de fabrication.

La Station a exécuté pendant l'année 1869 de nombreuses analyses d'engrais chimiques envoyés par les fabricants ou par les agriculteurs. Le nombre des analyses demandées à la Station est la meilleure preuve de l'emploi plus fréquent des engrais chimiques dans l'Est ; il montre que la Lorraine tend peu à peu vers la culture intensive. Il prouve aussi que les fabricants et les cultivateurs reconnaissent de plus

Analyse de coprolithes de la Meuse (phosphate de chaux fossile);

Examen de l'eau du puits d'une ferme, à Fléville ;

Analyse de trois échantillons de marne de la commune d'Albestroff (Meurthe) ;

Analyse sommaire de trois échantillons d'eaux destinées à l'alimentation d'une brasserie ;

Analyse de calculs urinaires ;

Dosage du sucre dans des urines de diabétiques;

Nombreuses analyses d'engrais, phosphates, superphosphates, guanos, etc.

Champs d'expériences. (Années 1868 et 1869.)

Essais de culture de l'orge...........⎫
Essais de culture de l'avoine..........⎪
Essais de culture du tabac............⎪ dans un sol sans fu-
Essais de culture du maïs............⎬ mure ; dans un sol
Essais de culture des pommes de terre... ⎪ qui a reçu différents
Essais de culture des betteraves........⎪ engrais.
Essais de culture du sarrasin.........⎭

Essais de culture du tabac. Recherches sur les variations dans le taux de la nicotine et dans la richesse du tabac en potasse, à diverses époques de la végétation.

en plus que l'analyse chimique est le seul moyen de fonder le commerce des engrais artificiels sur une base solide ; il constate enfin que notre Station a conquis la confiance des praticiens, confiance si nécessaire pour qu'elle puisse remplir le but important qu'elle se propose : devenir l'intermédiaire entre la science et la pratique.

Dans la plupart des cas, le consommateur et le fabricant ont réglé entre eux le prix des engrais d'après le titre des matières essentielles décelées par l'analyse chimique. La station agronomique de l'Est établit le calcul de la valeur d'un engrais chimique sur les nombres inscrits dans la table suivante, nombres qu'elle estime concorder avec la valeur vénale réelle des engrais artificiels (1).

Valeur du kilogramme.

Azote dans le sulfate d'ammoniaque, le nitrate de potasse, le nitrate de soude, le guano du Pérou. 2 fr.

Azote dans la poudre d'os, les tournures d'os, les superphosphates, la poudrette. . . . . . 1 fr. 50

Acide phosphorique soluble dans les superphosphates . . . . 1 fr.

Acide phosphorique insoluble dans le phosphate de chaux précipité, le guano du Pérou, le Baker-guano, la poudre d'os très-fine, la poudrette. . . . . 0 fr. 70

Acide phosphorique insoluble dans les tournures d'os, la poudre d'os éclaté . . . . 0 fr. 45

Potasse dans le nitrate de potasse . . . . . . 0 fr. 70

Potasse dans le sulfate de potasse, les sels de Stassfurt. . . . . 0 fr. 50

Quand on discute la valeur d'un engrais chimique, on néglige trop souvent encore de tenir compte des divers états sous lesquels se trouvent les matières importantes pour la

(1) Voir page 23 le tarif de la station.

2

nutrition des plantes. Tandis, par exemple, que le sulfate d'ammoniaque contient l'azote dans un état directement assimilable par les racines des plantes, il faut que la gélatine des os ou les poils mêlés avec le superphosphate soient attaqués par l'air et par l'eau pour subir une transformation qui les rend assimilables. Le capital employé en engrais porte des intérêts plus tard dans le dernier cas que dans le premier. C'est la même chose avec le phosphate de chaux, qui sera rendu naturellement plus vite assimilable si on l'emploie à l'état de phosphate de chaux précipité ou poudre d'os très-bien pulvérisée, que si l'on répand dans ce sol de la poudre d'os en gros grains. Voilà pourquoi il faut fixer le prix du kilogramme d'azote ou d'acide phosphorique en ayant égard aux propriétés chimiques et mécaniques d'un engrais.

Je n'entrerai pas ici dans le détail des analyses faites à la Station, je me bornerai à en citer quelques-unes qui donnent lieu à des remarques intéressantes. En voici quelques exemples :

	Eau.	Acide phosph. sol.	Insol.	Azote.
1. Superphosphate .	28,57 .	5,27	14,40	2,13
2. Superphosphate .	15,87	11,83	—	2,08
3. Superphosphate .	28,27	8,98	9,93	3,09

Les analyses de ces trois superphosphates montrent que leur fabrication n'est pas parfaite. La faible quantité d'acide phosphorique soluble qu'ils contiennent indique que les fabricants n'emploient pas assez d'acide sulfurique ou qu'ils mélangent leur produit avec du noir animal pour le rendre plus sec. Dans ce dernier cas, il y a une perte manifeste.

Nous avons eu aussi à faire un certain nombre d'analyses de phosphorites, dont la teneur en carbonate de chaux variait de 6,25 à 11,56 pour o/o et celle de l'acide phosphorique de 14,60 à 25,1 p. o/o. L'usine qui nous avait envoyé ces échantillons désirait avoir un dosage exact de l'acide phosphorique outre le dosage dit industriel ; ces diverses phosphorites contenaient des quantités très-notables d'alumine et d'oxyde de fer, ce qui rend extrêmement difficile, comme le savent tous les chimistes, la séparation exacte de l'acide phosphorique.

Nous avons eu recours pour ces analyses, entre autres méthodes, au procédé si élégant et si parfait à la fois que M. Schlœsing a récemment imaginé pour le dosage du phosphore et nous avons pu constater la rigoureuse exactitude de ce procédé.

L'examen de ces phosphorites, la difficulté qu'offrent leur analyse ainsi que leur transformation en superphosphates (à cause de leur richesse en alumine) nous a engagés à entreprendre des recherches sur les superphosphates et sur leur fabrication.

Nous ferons connaître plus tard, M. Petermann et moi, les résultats de cette étude qui semble devoir nous conduire à la connaissance de faits intéressants.

Le laboratoire de la Station a eu aussi à faire quelques analyses de résidus de l'épuration du gaz, nous en citerons seulement une qui démontre le parti que l'agriculture peut tirer de l'emploi de cette matière pour la culture des plantes sarclées et de la luzerne par exemple.

Ce résidu avait la composition centésimale suivante :

Azote	0 55
Chaux	50 61
Oxyde de fer, alumine, traces d'acide phosphorique	5 16
Acide sulfurique, carbonique, acide sulfureux, soufre, eau pure (non dosés) . .	43 68
	100 00

La présence d'acide sulfureux et de sulfure de fer dans ce

produit implique la nécessité de le laisser exposé à l'air avant de l'employer pendant assez longtemps (4 à 5 mois) pour que la totalité du soufre soit passé au maximum d'oxydation, l'influence des substances réductrices telles que l'acide sulfureux et le sulfure de fer présentant un danger réel pour la végétation. A ces conditions la chaux d'épuration du gaz devient un excellent engrais dont le bas prix permettrait d'en faire usage avec succès dans le voisinage des usines à gaz.

Enfin je citerai encore, à titre d'exemple de falsification, l'analyse d'un soi-disant engrais qui nous avait été envoyé par M. le directeur de la Ferme-Ecole de Lahcyvaux. Cette matière vendue comme engrais riche en azote, n'était autre chose que de la terre contenant seulement 0,7 p. o/o d'azote. Ce fait montre que l'analyse chimique est le seul moyen auquel puisse avoir recours l'agriculteur pour éviter l'achat onéreux de substances soi-disant fertilisantes que le commerce des engrais offre trop souvent à sa crédulité.

Les quelques exemples que je viens de citer suffisent, je l'espère du moins, pour mettre en relief les divers ordres de services qu'une station agronomique est appelée à rendre à l'agriculture. Je ne doute pas qu'une fois bien comprise l'idée des stations ne se propage rapidement chez nous; mon but sera alors atteint.

Le jour où la France comptera un certain nombre de stations bien organisées, bien dirigées et reliées à leurs sœurs aînées de l'Allemagne par la communauté des vues et par la poursuite d'un but qui doit vous apparaître clairement après les discussions auxquelles vous venez d'assister, j'éprouverai une de ces joies vives qui dédommagent de bien des sacrifices et de bien des labeurs.

Les stations répondent à l'une des nécessités les plus impérieuses de l'agriculture moderne, l'alliance de la science et de l'art dans la culture du sol. Elles doivent amener, selon moi, dans un temps plus court peut-être qu'on ne serait tenté de l'admettre, un progrès considérable dans l'agriculture, et partant un accroissement de richesse et de bien être pour notre pays, éminemment agricole comme chacun sait. Si l'on en juge par les résultats obtenus en Allemagne depuis bientôt vingt ans, il ne semble pas qu'il puisse y avoir de dépense mieux entendue et plus profitable à l'intérêt de tous que celle qu'entraîneraient la création et l'entretien de ces établissements.

Resterait maintenant à examiner la question de la répartition de ces dépenses entre l'Etat, les départements et les associations agricoles.

Plus que personne partisan des œuvres fondées par l'initiative privée, je souhaiterais d'avoir été assez heureux, dans la campagne entreprise par moi depuis deux ans au sujet des stations, pour convaincre les agriculteurs français de l'intérêt personnel que chacun d'eux aurait à concourir à l'organisation, par souscriptions individuelles, de stations et de laboratoires dans les principaux centres agricoles de la France.

L'accueil fait par vous, Messieurs, aux idées dont je suis l'interprète convaincu, de même que celui que j'ai rencontré au sein de la Société des Agriculteurs de France, lors de notre dernière session, me donne l'espoir que cet appel à l'initiative privée sera entendu. Je renouvelle aussi le vœu que le gouvernement vienne en aide par de larges subventions aux particuliers comme aux associations qui s'organiseraient dans le but de créer et de propager les stations agronomiques, à la condition *sine quà non* que les uns et les autres fournissent la preuve qu'ils seront en mesure, avec le concours de l'Etat, de fonder sous le double rapport du personnel et du matériel des établissements durables et propres à remplir le but que leur assigne leur nom.

La création d'une station agronomique, vous l'avez vu, Messieurs, entraîne une dépense première de 3o à 35,000 fr.;

son entretien nécessite un budget de 15 à 16,000 fr. (1) De plus et surtout il faut à sa tête un homme compétent et zélé. Partout où ces trois conditions ne seront pas remplies, on n'aura pas créé une véritable station.

Faire bien ou ne pas faire, telle doit être la règle absolue au cas particulier; procéder autrement serait compromettre gravement l'institution même et en retarder, pendant long-temps encore peut-être, l'importation définitive dans notre pays. Rien n'est plus préjudiciable en effet au succès d'une idée que sa réalisation incomplète ou défectueuse.

---

(1) On peut établir ainsi approximativement le budget minimum d'une station :

Traitement du directeur	6,000 à	6,000 fr.
du préparateur	2,500 à	3,000
d'un aide-préparateur.	1,200 à	1,500
d'un surveillant du champ et de l'étable	1,000 à	1,000
d'un garçon de laboratoires . .	600 à	600
Frais d'entretien de l'étable, du laboratoire, expériences, fourrages, achats d'engrais, etc.	4,200 à	4,500
Total.	15,500 à	16,600 fr.

(Voir à la fin la description des laboratoires et du champ d'expé-riences, et les planches qui l'accompagnent, et ci-contre le tarif de la Station agronomique de l'Est pour les analyses d'engrais, de sols et d'eaux.)

Tarif de la station agronomique de l'Est, pour les analyses d'engrais, de sols et d'eaux (1).

I. Engrais.

1. POUDRE D'OS. — Dosage de l'eau, de la matière organi-
que, du phosphate de chaux, de l'acide phosphorique,
de l'azote et du sable.. . . . .   25 fr.

2. PHOSPHATE. — Dosage de l'eau, de l'acide phosphorique
et du résidu insoluble.   15

3. SUPERPHOSPHATE. — Dosage de l'acide phosphorique so-
luble.   5
   De l'acide phosphorique insoluble..   5
   De l'azote.   5

4. GUANO DU PÉROU. — Dosage de l'eau, de la matière or-
ganique, du résidu de la calcination, du sable, de
l'acide phosphorique et de l'azote..   25
   Dosage de l'acide phosphorique et de l'azote seuls. . .   10
   Détermination de l'humidité.   5

5. NOIR ANIMAL. — Dosage de l'eau, du charbon, de la
terre d'os, du carbonate de chaux, du sable   25
   Détermination de l'acide phosphorique..   5
   —   du carbonate de chaux..   5
   —   du sulfate de chaux   5

6. SELS DE POTASSE ET ENGRAIS ANALOGUES. — Détermination
de chacun des éléments.   Par élément. .   5

II. Fourrages et aliments.

7. Détermination de l'eau, des substances minérales, des
matières azotées, de la cellulose, de la graisse et des
principes extractifs   30

8. Des matières azotées, de la cellulose et de la graisse. .   20
   Dosage de la fécule dans les pommes de terre.. . . .   5
   Dosage du sucre dans les jus par polarisation.   5

---

(1) Pour les membres de la Société centrale d'agriculture de la Meurthe, les
analyses sont faites avec une réduction de 1/5e sur les prix portés au tarif.

III. Eaux.

Essai hydrotimétrique et dosage du résidu solide par
  litre . . . .   5 fr.

Dosage de la chaux   5

De chacun des autres éléments.   Par élément . .   5

Analyse complète d'une eau   100

IV. Sols, limons, cendres de végétaux.

Détermination de l'acide phosphorique, des alcalis, de
  l'azote, etc., par élément dosé   5

Analyse d'une marne   20

Analyse complète d'une terre   100

Analyse de cendres.   Par élément . .   5

Analyse complète d'une cendre   50

V. Matières alimentaires.

Lait. — Dosage du beurre, de l'eau, de la caséine . .   25

Beurre. — Détermination de la quantité de graisse . . .   15

Nota. Pour toutes les autres analyses, le directeur fera connaître
aux agriculteurs qui s'adresseront à lui, les conditions auxquelles elles
seront exécutées.

APPENDICE

EXPLICATION DES PLANCHES ET TABLEAUX

RELATIFS A LA STATION AGRONOMIQUE DE L'EST

Les planches I, II, III et IV qui représentent en élévation, plan et coupes le laboratoire de la station et ses dépendances donnent une idée suffisante des installations pour qu'il soit inutile de les décrire ici. Je me bornerai à quelques indications que ne peut remplacer un dessin.

Le laboratoire du rez-de-chaussée est spécialement affecté aux opérations qui nécessitent l'emploi de températures élevées (fusions, calcinations, etc.). Il est pourvu d'un bon fourneau à vent, d'un four Schlœsing avec pompe de compression et régulateur, d'un moufle à gaz pour incinération de plantes, d'une étuve, d'une forge, d'une lampe Deville, etc., enfin des instruments indispensables pour l'application des hautes températures aux recherches chimiques.

La chambre obscure est destinée aux recherches de chimie optique. On y trouve un spectroscope à deux prismes et ses accessoires, un appareil de polarisation, des photomètres, une bobine de Rühmkorff qui reçoit l'électricité par des fils venant de la cour située à côté du laboratoire.

Le laboratoire du premier étage est spécialement affecté aux travaux de chimie analytique et pourvu de tous les instruments nécessaires, balances de précision, appareils pour dosage par liqueurs titrées, vaste étuve, cuve à eau et à mercure, bains de sable, machine pneumatique, etc... Ce laboratoire communique avec la salle de végétation, vitrée latéralement et par le haut. C'est dans cette salle que se font les essais de culture dans l'eau, et dans des sols artificiels, l'étude des propriétés physiques des sols, etc. Ces diverses salles sont pourvues abondamment de gaz et d'eau, ce qui rend possible un très-grand nombre de recherches de physiologie et de chimie agricoles.

La planche V, qui représente les plan, coupe et élévation des caisses de végétation, nécessite quelques explications.

Ces caisses, au nombre de huit, sont cubiques ; elles ont chacune une contenance de 1 mètre cube. Elles sont établies au niveau du sol dans le terrain attenant à la station. Les parois latérales et celle du fond sont en granit. La face antérieure est fermée par une paroi mobile en fer qui peut être enlevée à volonté, ce qui permet, à un moment donné, d'étudier la marche des racines dans le sol sans arracher la plante. Le fond, déclive, communique par un tuyau E avec l'extérieur, comme l'indique la coupe transversale : cette disposition permet de recueillir toute l'eau qui a filtré au travers du sol, dans une bouteille F.

Trois thermomètres (1, 2 et 3) de $0^m,60$ de longueur, sont placés horizontalement dans chacune des couches du sol et sous-sol A B C qui remplissent les caisses et donnent ainsi la température du sol à diverses profondeurs.

L'une des caisses est destinée aux observations pluviométriques. A cet effet, sa face supérieure est recouverte par un pluviomètre en cuivre rouge de 1 mètre carré de surface P, dont la partie inférieure communique avec une bouteille Q qui est pesée après chaque pluie. On a donné à ce pluviomètre une surface de 1 mètre carré (surface des caisses) de manière à éviter tout calcul dans la détermination de la quantité d'eau tombée.

Les essais en cours d'exécution pour cette année portent sur la culture du tabac dans les sols différents. Ces caisses sont, à quelques modifications près, la reproduction de celles qu'a établies, à Hohenheim, M. le professeur Wolff.

Le tableau I représente, en plan, le champ d'expériences avec ses cultures pour l'année 1869. Ce champ, situé dans le diluvium, a une superficie de 1 hectare (chemins non compris) divisé en 100 parcelles égales séparées les unes des autres par des sentiers d'un mètre de largeur.

Le tableau II est un extrait du registre d'observations de la station. Il contient l'indication des principales données relatives aux essais de cultures faits (sur 50 ares seulement) en 1868. — Le directeur de la station délivre des tableaux en blanc, conformes à ce modèle, aux cultivateurs qui veulent établir des champs d'expériences, en les priant de lui retourner, après les récoltes, le tableau rempli par eux.

STATION AGRONOMIQUE DE L'EST

CHAMP D'EXPÉRIENCES ÉTABLI A LA MALGRANGE

Commune de Jarville, arrondissement de Nancy, département de la Meurthe

RÉCOLTES DE L'ANNÉE 1868.

NATURE DU SOL (1)	CULTURES et fumures antérieures (2)	NATURE DE L'ENGRAIS	NUMÉRO des parcelles	NOM de la plante cultivée	ESPACEMENT des lignes	ESPACEMENT des plants	QUANTITÉ de semence employée (3)	DATE de semaille 1868.	QUANTITÉ de l'engrais (4)	PRIX de l'engrais Fr.	DÉPENSE en engrais par are	ÉPOQUE de la récolte	POIDS DE LA RÉCOLTE — CÉRÉALES Poids	CÉRÉALES Grains	RACINES Tubercules	Feuilles	OBSERVATIONS

(Données numériques du tableau illisibles à cette résolution.)

(1) Indiquer dans cette colonne la constitution de la terre, l'exposition du champ ; dire s'il est drainé, etc. ; donner toutes les indications de nature à faire connaître, le mieux possible, le sol du champ.
(2) Indiquer l'assolement, la nature des engrais qu'a reçu chaque parcelle dans les années précédentes.
(3) Prix au gare à La Villette.
(4) Ces données numériques se rapportent à l'are.

Pl. I.

ÉLÉVATION DU LABORATOIRE.

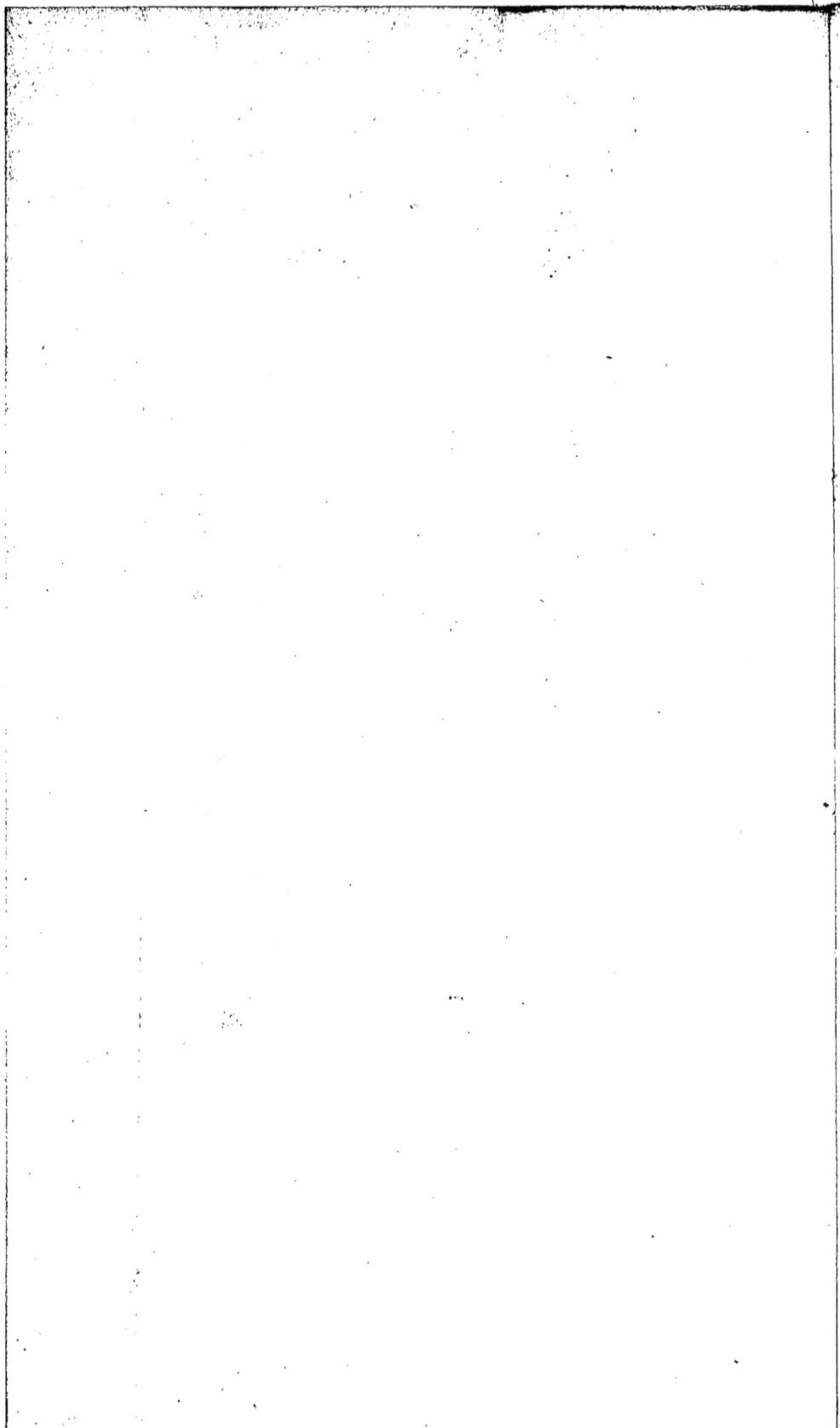

Congrès agricole libre de Nancy.

Pl. II.

Plan du premier Étage.

Plan du Rez-de-Chaussée.

Laboratoire d'analyse.

Laboratoire.

Cour.

Salle de Végétation.

Collections.

Chambre obscure.

Bibliothèque.

Cave en dessous.

Échelle de 0m,01 pour mètre.

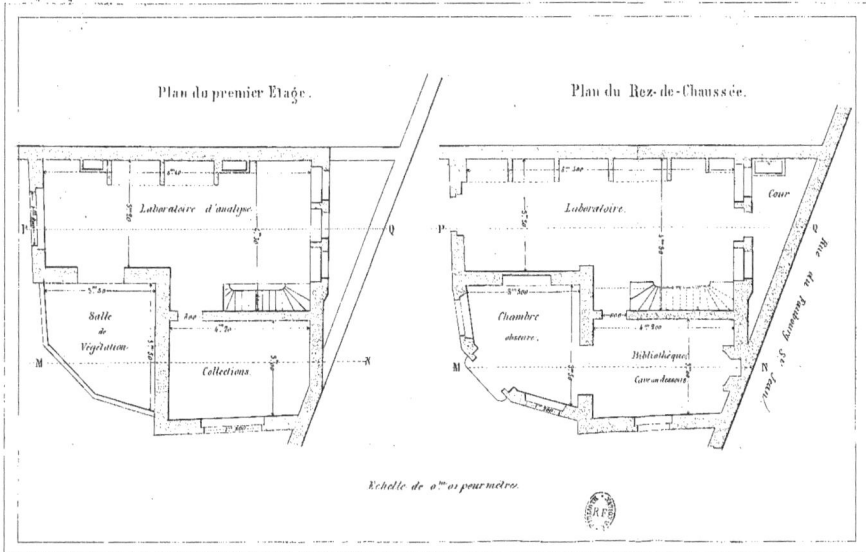

PLAN DES LABORATOIRES.

Congrès agricole libre de Nancy.　　　　　　　　　　　　　PL. III.

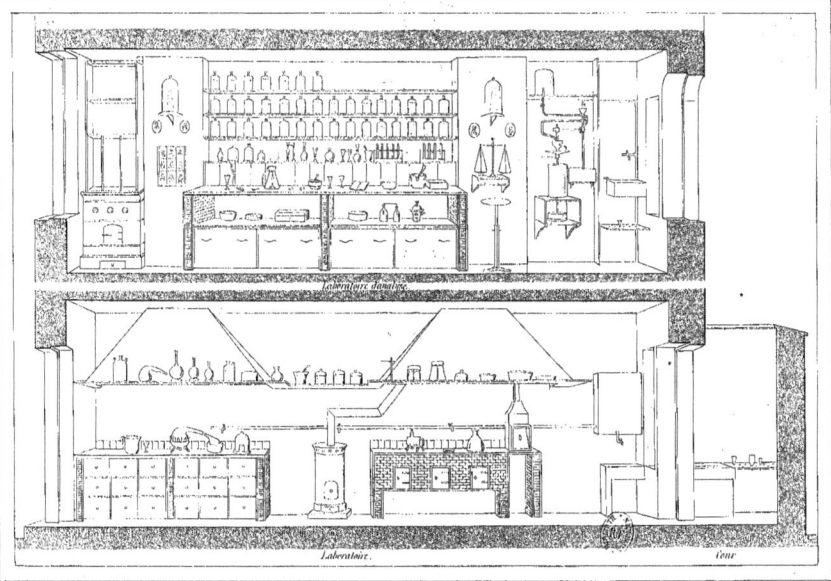

LABORATOIRES.
Coupe suivant P Q.

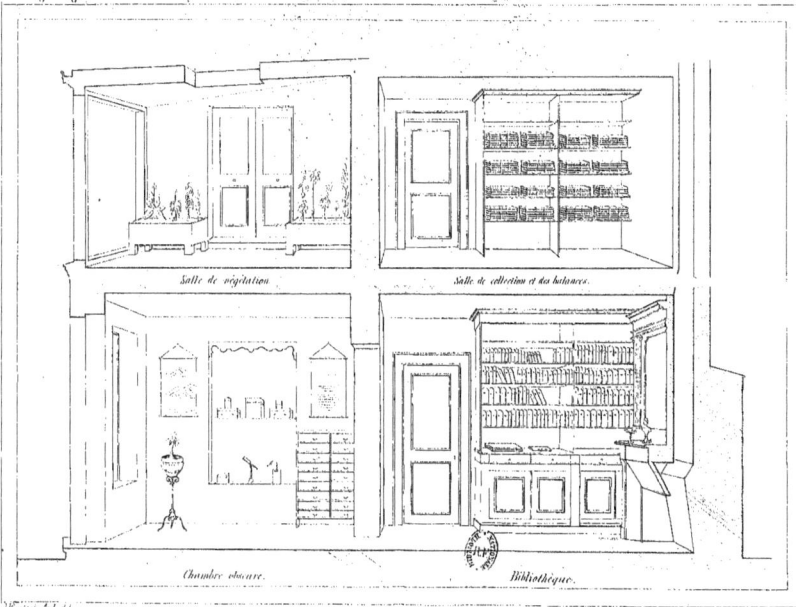

Salle de végétation.

Salle de collection et des balances.

Chambre obscure.

Bibliothèque.

LABORATOIRES
Coupe suivant M N.

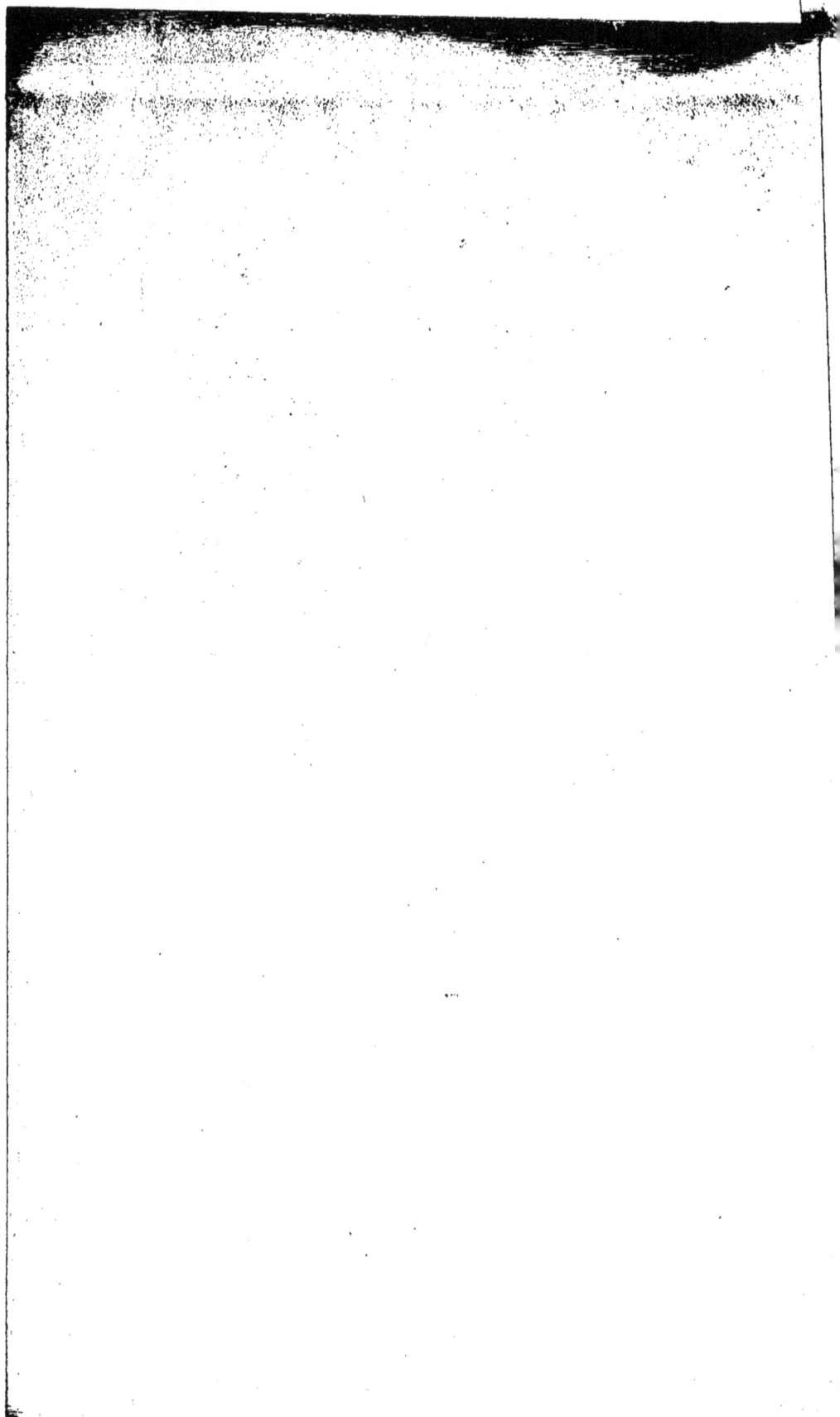

Coupon agricole libre de Nancy.

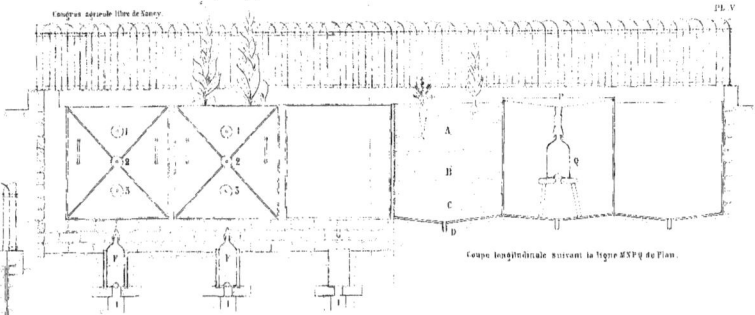

Coupe longitudinale suivant la ligne MNPQ du Plan.

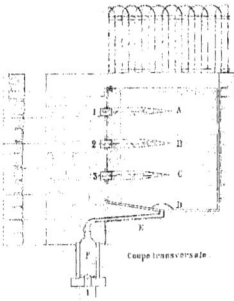

Coupe transversale.

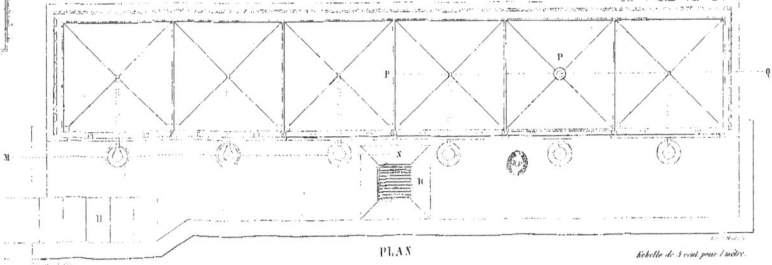

PLAN

Caisses de Végétation.

Échelle de 3 cent pour 1 mètre.